猫様

想田和弘

集英社

はじめに

猫様が好きだ。
道を歩いていて猫様に出くわすと、何か得した気分になる。
人間がわが物顔をしているこの世知辛い世の中で、自由にしたたかに生きている野良猫様は、特に尊敬に値する。
僕らフリーランスのお手本である。
そういう気持ちが高じて、自分の映画にはほとんど必ず、猫様に登場していただいている。ヒッチコックのカメオ出演は有名だが、僕は自分の代わりに、畏れ多くも猫様に出ていただく。新作ドキュメンタリー映画『五香宮の猫』（二〇二四年、観察映画第十弾）では、カメオ出演ではなく主役になっていただいた。
調子に乗って、雑誌「週刊金曜日」では「猫様」と題してフォトエッセイの連載まで始めてしまった。日常生活をすごすなか、たまたま出くわした瞬間にシャッターを切る。いきおい、そのほとんどは常にポケットに入れて持ち歩いているiPhoneで撮影することになった。
ありがたいことに、僕は街を歩いているだけで、大御所俳優のごとき濃いいキャラの猫様によく出くわす。映画でも写真でも、その姿をそっと撮らせていただく。

僕には猫神様がついているのかもしれない。

本書には、同誌に掲載された写真や文章から厳選したものを、適宜加筆・修正しながら掲載している。また、追加で書き下ろしたエッセイも収録している。ときおり、妻の柏木規与子が撮った写真も使わせてもらっている（15頁、21頁、23頁、43頁、45頁、51頁、55頁、74頁、75頁）。

外で暮らす猫様たちと付き合っていると、人間が支配するこの社会から彼らの居場所がどんどん縮小され続けていることにも気づかされる。

社会がその隅々にいたるまで管理・コントロールされ、消毒され、安全でキレイに整頓されればされるほど、制御不能でイレギュラーな存在である野良猫様は生きていく余地がなくなる。

僕が子どもの頃は、近所にはまだ野良犬様がウロウロしていた。人々はそれを当然のことだと思っていた。この社会は、今よりもずっと野蛮だったのだ。同時に、制御不能な存在をなんとなく包容する力と大らかさを備えていた。

だが、社会が高度に管理され整頓されていくなか、野良犬様たちは次第に人間の健康と安全を脅かす存在だとみなされるようになった。

そして街から一掃された。

今、同じようなことが、猫様にも起きているような気がしている。
後に触れるように、日本を含む〝先進国〟と呼ばれる国々では、最近、野良猫様の避妊去勢手術が盛んに行われている。その大義名分として、人間と野良猫様の共生をうたっている。
たしかに殺処分よりはずっとマシなので、僕も行ってきた。でも視点を変えてみれば、それはゆっくりとした野良猫様絶滅計画にもみえる。このままいくと、近い将来、日本のストリートから、そして世界のストリートから、猫様が消えてしまうのかもしれない。
そういう意味では、本書は二、三十年後の人が読んだら「こんな時代があったんだなあ」と驚くようなものになるのかもしれない。
そんな考えが頭に去来しながら、本書を作った次第である。
哲学者のカントはこう言ったそうだ。
「動物に残酷な人は、人間にも厳しく当たる。動物の扱い方を見れば、その人の心を判断することができる」

縁あって、瀬戸内海に面する小さな港町・牛窓で、『牡蠣工場（かきこうば）』（二〇一五年）と『港町』（二〇一八年）という二本のドキュメンタリー映画を撮った。

当時、僕と妻はニューヨークに住んでいて、後年、牛窓に住むことになるなどとは、夢にも思っていなかった。

しかし二〇二〇年、コロナ禍が起きた。

それは僕らの生き方を大きく変えた。

二〇二一年一月、僕らは二七年間住んだニューヨークを離れ、牛窓へ移住した。

コンクリートで固められた大都市で、自然から隔絶されて生きるのをやめた。

海と山に囲まれながら、自然とともに生きていきたいと思った。

牛窓では、『牡蠣工場』と『港町』に出演してくれた、ご近所の飼い猫様・シロ（本名はボク）に再会した。

牛窓には野良猫様が多い。
港では、漁師や釣り人のおこぼれを期待して、猫様たちが香箱座りでたむろしている。
僕と妻は、散歩道で野良猫様の家族と顔見知りになった。
父猫様の梅ちゃん（梅宮辰夫似）と、約一歳の雄（茶太郎：写真右）、同じときに生まれた雌（ダラ）、そして生後半年くらいの雄（チビシマ：写真左）である。
梅ちゃんは、三匹の子猫様を丹念に舐めて育てるイクメンだった。彼は侵入してくる外部の雄猫様を追い払い、家族の縄張りを守っていた。
チビシマは、茶太郎のやることなすことすべてを真似するお兄ちゃん子だ。茶太郎がノビをすればノビをし、爪を研げば爪を研ぎ、堤防にスタッと飛び乗ればヨタッとよじ登る。
小津映画に出てくる兄弟さながらである。
僕らは家族が肩よせ合って暮らしているあたりを「泪橋」と呼んだ。

茶太郎たちのお母さんは、お宮生まれのマダラちゃんである。泪橋で三匹を産んだが、外出好きで、育児は梅ちゃんに任せきり。

妻が太極拳の練習をし始めると、必ずどこからともなく現れる。妻はマダラちゃんを一番弟子にしてあげたそうだが、マダラちゃんも妻のことを一番弟子だと思っているらしい。

しかしマダラちゃんは突然、姿を消した。

しばらく経った後、近所のご婦人に保護されて、家猫様になっていることがわかった。

野良猫様の世界には定期的に「ガラガラポン」がある。毎年、節分の頃になると、雌猫様を求めて雄猫様の大移動が始まるのだ。そんなことは、僕らは牛窓に住むまで知らなかった。

二〇二一年の冬、泪橋の野良猫様家族にも、ガラガラポンの波が押し寄せた。大きくて屈強な雄猫様のクロが、家族のテリトリーに侵入してきたのである。

気は優しくて力持ちの梅ちゃん（写真）も、年には勝てない。クロとの一騎打ちで深手を負った彼は、ある晩姿を消した。そして二度と現れなかった。

以来、クロが泪橋に居座った。
のみならず、あろうことか娘のダラちゃんと夫婦になり、クロにそっくりの子どもも産まれた。
そして茶太郎とチビシマを攻撃し、泪橋から追い出してしまった。

茶太郎とチビシマは命からがら、隣町へ亡命した。
ところがクロは亡命先にまで侵入してきて、二匹を奇襲する。
二匹は餌場も寝床も失い、クロにやられた傷を化膿させながら、日ごとに痩せさらばえていった。
見かねた僕らは、二匹を探し回って餌をあげた。
しかし茶太郎とチビシマは、クロの影におびえてノイローゼに陥った。
そんななか、チビシマは茶太郎とはぐれてひとりぼっちになってしまった。

チビシマとはぐれ、数日間消息を絶っていた茶太郎。

町中を探し歩いたところ、町外れの空き地の茂みに隠れているのをようやく見つけた。

チビシマも探してたんだよ、茶太くん。

やっと再会できた茶太郎・チビシマ兄弟。
クロにやられたチビシマの傷跡が痛々しい。

隣町に逃れた茶太郎とチビシマだが、猫嫌いの住民はどこにでもいる。
「本当は市が駆除すべきなんじゃけどな」
彼らの敷地を横切る二匹に、苦情が出始めた。

僕らは思い切って二匹を捕獲した。

しかし我が家は猫NGの借家なので、同居はできない。

そこでとりあえず近所の方のケージに保護していただいた。これで当面、飢えや外敵を心配せずにすむ。

安堵したのも束の間、二匹は外へ出たがって何度も脱走を試みた。その姿を見るのが耐え難かった。一時的にせよ、外で育った猫様たちの自由を奪ってよいものか。

拙作『精神0』の主人公で精神科医の山本昌知先生に、妻が電話で相談した。精神科の閉鎖病棟の鍵を開ける運動で知られる山本医師の反応は、彼らしいものだった。

「わしもそのうち、認知症になると思うんじゃ。そしたら徘徊したりして危険な目に遭うかもしれんけど、それでも自由は奪われたくねえな。その猫はわしなんじゃ」

グサリときた。

自由を奪えば安全だが、幸せとは限らない。

僕らはそう感じて、ケージの扉を開けたままにしておくことにした。

ところが、ケージから出ると、そこは見知らぬ町。

実は泪橋から四〇〇メートルくらいしか離れていないのだが、茶太郎はまるで異次元に来てしまったかのように、オドオド、ビクビク、毛もソボソボに。

「借りてきた猫様」とは茶太のことだ。

茶太郎に続いて、チビシマも恐る恐るケージから出て、近所の探索に出た。
お兄ちゃんの後を必死に追う。

縄張り

外で暮らす猫様にとって、縄張りの維持は死活問題である。

地域の猫様たちの行動を観察していると、「この猫様はここからここまで」というふうに、一匹一匹の猫様には明確な縄張りがある。自分の縄張りは安心と安全を意味し、そこから一歩でも出ることは猫様にとっては冒険であり、ストレスを伴う。

クロに追いやられた茶太郎とチビシマを捕獲し、泪橋から四〇〇メートルほど離れた僕らの自宅近くに連れてきたときには、実はそういう認識が薄かった。うちの近所には、大勢の外猫様が暮らしている神社・五香宮があるので、二匹は自然に五香宮を住まいとするのではないかと、なんとなく期待していた。

しかし、五香宮の猫様方も一見ひとつの「群れ」のようだが、実は内部では熾烈(しれつ)な縄張り争いがある。特に雄猫様同士の間では常に権力争いが行われていて、激しい喧嘩を通じて、ボスの座も頻繁(ひんぱん)に入れ替わる。そのたびに縄張りの地図も描きかえられていく。

そういう場所に茶太郎やチビシマが入っていくことは、たとえて言うならば、ロシアとウクライナが領土争いをしているところに、第三国がノコノコと「ここ、俺にくれ」と出ていくようなものである。

今考えれば、かなり無謀であった。

泪橋からいきなり連れてこられた茶太郎とチビシマは、恐る恐る、時間をかけて、僕らの自宅周辺を、新しい縄張りとしていった。

しかし茶太郎とチビシマがようやく落ち着いたころ、美しい大きな雄猫様のチャオ（29頁）が、二匹の新縄張りを狙い始めた。

チャオはもともと、どこからか泪橋に流れ着いた雄猫様である。

茶太郎たちと同様、クロから激しい攻撃を受けて泪橋を追われた。

しかし彼は運に恵まれた。ウチから二〇〇メートルくらい離れた家で餌をもらえるようになり、そこで自分の縄張りをはったのだ。そして五香宮界隈まで手広く牛耳り始めた。

その縄張りを拡張したくなったのだろう。今度は茶太郎やチビシマを頻繁に奇襲しては喧嘩を始めた。

クロから共に迫害された仲なのに、皮肉な巡り合わせである。

＊

しばらくして、チャオは厳しい冬の寒さのなか、病気をこじらせて亡くなった。

茶太郎やチビシマの安穏な日々が戻ってきた。
ところがそれは、束の間のことだった。
チャオがいなくなり権力の空白ができると、今度はどこからか流れてきたオカメという雄猫様が、界隈でのしあがってきた。そして茶太郎やチビシマの縄張りも狙ってくるようになった。
人間の世界でも、猫様の世界でも、権力や領土を求める争いにはキリがない。そしてその争いを仕掛けるのは、きまって雄である。雄にはそういう、どうしようもない習性があるようだ。争ってばかりなので、寿命も短い。
ただし、人間様と違って、猫様は敵を追い詰めてもトドメは刺さない。武器を使って大量に殺したりもしない。

一方、わが家の軒下で、予期せぬことが起きていた。
板と板の間の驚くほど狭い隙間で、僕らが知らない間に、近所の雌猫様が子猫様を三匹、出産していたのである。
最近、枕元でカサコソいうと思っていたら、こやつらだったか。
僕らに気づかれた一家は、隣の空き家の敷地へ大脱走した。
茶トラのママなので、僕は母猫様を「ママ茶」と命名した。

三匹の子猫様のうち、一匹だけ姿が見えない。
と思いきや、庭の給湯器の後ろからひょっこり。
このキジトラ子猫様は、ひときわ怖がりのようである。

ママ茶はお乳をあげている間も警戒を緩めない。
他の猫様も人間も、寄せつけない。

ある日、ママ茶の三匹の子猫様が忽然（こつぜん）と姿を消した。

ママ茶は、釣り人からもらったママカリをくわえながら、独特の鳴き声で子猫様を呼び続ける。

「ご飯よ～！　出ておいで～！」

彼女の悲痛な鳴き声は一晩中鳴り止まず、僕らも眠れぬ夜を過ごす。

子猫様たちが見つからぬまま、夜が明けた。

小雨が降るなか、一晩中子どもを探し続けたママ茶。

憔悴（しょうすい）し切っている。

「隣町で子猫が夜通し泣いていた」という噂を聞いた。
すぐに駆けつけたところ、二匹の子猫様が民家の物置の陰から、おそるおそる顔を出していた。
一体どうやってあんな遠いところへ行ったのだろう。
みんなで苦労して捕獲器で捕まえ、ママ茶のもとへ返した。
後の一匹は結局見つからないまま行方不明である。

茶太郎とチビシマを攻撃して追い出した凶暴なクロだが、意外にも家では優しいお父さんのようだ。ダラちゃんとの間にできた息子・クロジらを育てるイクメン猫様である。

これ以上子孫を増やせなくなり気の毒だが、彼にも去勢手術を受けてもらった。

その後、クロはいつの間にか、ご近所さんの飼い猫になっていた。

クロジは立派な青年に育ってきたが、外から流れてきた雄猫様に喧嘩で負けて追い出されたらしく、姿を消した。

歴史は繰り返す。

共生？　絶滅作戦？

あまり知られていないが、犬様や猫様といった「愛護動物」を殺傷したり、捨てたり虐待したりすることは、犯罪である。
二〇二〇年六月からは罰則が強化され、愛護動物の殺傷には五年以下の懲役または五〇〇万円以下の罰金が、遺棄・虐待には一年以下の懲役または一〇〇万円以下の罰金が科されるようになった。こうした保護の対象には、飼い主のいない犬様や猫様も含まれる。一昔前は「近所の野良猫が子猫を産んだので目が見えないうちに川に流した」などという話をよく耳にしたものだが、そんなことをしたら今では「お縄」である。
そういう流れの中、行政による犬猫様の殺処分数も近年激減している。二〇〇四年度には約三九万匹も殺されていたが、二〇二二年度には約一万二〇〇〇匹にまで減った。
その代わりに、返還・譲渡数が大幅に増えている。
それ自体は、とても良い傾向である。
一方、地域では野良猫様との共生を目指す「地域猫活動」も活発化している。しかし、牛窓で実際に活動に関わり、いきおい映画『五香宮の猫』を撮り始めてみると、かなり根源的な疑問も湧いてくる。
たとえば、地域猫活動の基本には「避妊去勢手術」がある。すでにいる野良猫様は大事に育てるが、数を増やさないため原則すべての野良猫様を捕獲し手術を施すのである。
実際、野良猫様の悪戯や糞尿被害に悩む住民も、「避妊去勢手術をして、増やさないようにしますので」と説得すると、餌やりに理解を示してくれることが多い。手術は、猫様を嫌う人々と、大事にする人々との対立を緩和するための、妥協策なのである。
だけどこの方針を徹底すると、数年後には牛窓から野良猫様は全くいなくなってしまうのでは。そう、自治体の担当者に質問したら、「ええ、野良猫をゼロにするのが目標です」という答えが返ってきた。
「えっ、それが目標なの?」
正直、なんだかショックだった。
殺処分よりは何倍もマシだけど、それは「野良猫様との共生」と言えるのか。とどのつまり、緩慢な〝絶滅作戦〟なのではないか。
それにそこまで野良猫様の存在を許容できない社会とは、なんなのか。
ホームレスの人を公園から排除するような動きと、何か共通するものを感じる。

そうは言いつつも、チビシマには、地域の野良猫様の一斉捕獲手術に交じって、去勢手術をしてもらった。とても気の毒だが、人々の理解を得て地域で暮らしていくには仕方がない、と判断した。

猫様ではなく人間様のための手術だ。

手術の際、猫様の耳の先にV字の切れ目を入れる。何度も捕獲されて手術されることを避けるためである。

カットされた耳の形が桜の花びらに似ているため、手術済みの猫様は「桜猫」と呼ばれたりする。

兄の茶太郎は捕獲の日に姿をくらまし難を逃れたが、結局後日、手術した。

茶太郎もだんだんと新しい地域に慣れてきたようだ。
妻が海辺で太極拳を始めると、たいていはそばに来て眺めている。

僕が昼寝をしていると、茶太郎は窓の外で一緒に昼寝をする。
猫様が地域で幸福に暮らしていくために必要なのは、ご飯を食べられること
と、安心して眠れる場所があること。
簡単なようで、その確保が難しい。

野良猫様が住民から嫌われる最大の理由は、彼らがするオシッコやフンである。

近隣の糞尿被害を軽減するため、地域の猫様用公衆トイレを設置した。と同時に、新しもの好きの茶太郎がやってきて、利用者第一号に。

茶太郎は、チビシマが可愛がられていると焼き餅を焼く。
後ろ姿から察するに、彼の両目は今、めらめらとジェラシーの炎を上げているにちがいない。

妻の親戚が、七五三のお参りで牛窓神社へ。
記念撮影していたら、茶太郎くんもカメラ目線で「ハイ、チーズ」。

いつの間にかウチに侵入してきて、文字通り「週刊金曜日」にのる猫様！

茶太郎・チビシマ兄弟を保護してから、一年近くが経った。
新しい縄張りにもすっかり慣れたようだ。
無邪気に遊ぶ二匹を見るとホッとする。

猫様の幸せとは？

猫様にとって、いったい何が一番幸せなのだろう？
飼い猫様として家の中で長く生きることだろうか？　それとも、野良猫様や外猫様として自由を謳歌し、太く短く生きることだろうか？
牛窓に引っ越してきてから、考え込むことが増えた。
昔は飼い猫様でも自由に家の外と中を行き来するのは当たり前だったが、最近の飼い猫様は基本的に「外に出してはいけない存在」になっている。
その理由としてよく挙げられるのは、「近所に迷惑をかけるから」ということだ。たしかに猫様は悪戯（いたずら）好きだし、外に出ればフンやオシッコもする。制御不能でイレギュラーな猫様という存在は、近隣とのトラブルの元と考えられている。
また、「外に出すと猫が危険に晒されるから」という理由もよく聞く。実際、外に出れば車に轢（ひ）かれたり、伝染病をもらってきたり、除草剤を舐めてしまったり、物置に閉じ込められたり、誰かに誘拐されたり、他の猫様と喧嘩して怪我をしたりと、危険がいっぱいである。

野良猫様の場合、そういう危険に加えて、栄養不足や冬の寒さなどの悪条件もあり、寿命は短い。普通は三年から五年くらいで死ぬと言われている。

一方、最近の飼い猫様は、医療やキャットフードの進歩のおかげで、二〇年くらい生きることも珍しくない。避妊去勢手術を推進する団体はよく「かわいそうな野良猫をゼロにするために」というフレーズを使う。彼らは猫様に対する愛情から、外で暮らす猫様をかわいそうだと言っているのだと思う。

しかしそれは、ひとつの考え方、価値観にすぎないようにも思う。少なくとも、ケース・バイ・ケースで判断した方がよい問題だと僕は思う。たとえば、茶太郎とチビシマを保護して間もない頃、僕の仕事場の中で飼うことを試みたことがある。仕事場は小さいけれども一軒家だし、二匹が暮らす分には十分なスペースがあると思ったのである。

ところが、以前ケージに閉じ込めたときもそうだったが、外で生まれ育ち、自由の味を知っている二匹は、気も狂わんばかりに、執拗に外へ出ようとした。そこで外へ出すと、今度は閉じ込められることを警戒して、仕事場に入ろうとしなくなった。

最初から家の中しか知らない猫様ならまだしも、野生で育った彼らに一生家の中で過ごすことを強いるのは、やはり無理なのだ。いや、無理矢理閉じ込めればそのうち慣れたのだろうが、それが彼らの幸せと言えるのかどうか。僕にはわからなかった。

僕らは結局、仕事場に猫穴を作り、自由に出入りできるようにした。すると二匹は安心して仕事場に出入りするようになり、中で餌を食べたり、夜は寝床で寝たりするようになった。

しかしそれでも彼らは基本的に、外にいる時間の方が長い外猫様だ。ときどきどこかへ遠出して、二日間くらい戻らないこともある。

そういうときには本当に心配になるが、僕らに彼らをコントロールすることなど、できないのだと思う。彼らを僕らの飼い猫様だと思っている近所の人も多いが、僕らには彼らの世話をすることはできても、所有することなどできないと思っている。早死にしたとしても、それが彼らの「猫生」なのだと観念している。

すべての猫様は家の中で飼って保護すべきと考える人には、そういう僕らは無責任にも、冷淡にも、見えるかもしれない。

また、『五香宮の猫』のようなドキュメンタリー映画を公開したり、本書のような本を出版したりすることで、牛窓へ猫様を捨てに来る人や、猫様を誘拐しに来る人が増えるのではないかと、心配する声もある。

僕もその恐れは感じつつ、それでも猫様たちが一生懸命生きている姿を広く伝えることには、心配されるマイナス面を上回るような意義があるのではないかとも感じている。

この辺は実に難しいところで、結局、正解などないのかもしれない。

Heartbreaking"
, Film Director ("The Host" "Okja")
Observational Film #7 by Kazuhiro Soda
Directed, produced, shot, and edited by Kazuhiro Soda Produced by Kiyoko Kashiwagi
2018, 122 minutes, B&W, DCP, Japan/USA © 2018 Laboratory X, Inc

栃木の実家には、昔から絶えず猫様が住んでいる。
どの猫様も元野良猫様である。
クロちゃんは子猫様のころ、近所の駐車場で姪と出会ってウチに来た。そしてすぐに親父になついた。

クロちゃんと親父のお昼寝写真を、自分の近況を伝えるメール通信に使った。

するとそれを受け取ったスペインの映画祭が、あろうことか拙作『選挙』の場面写真だと勘違いして、公式カタログに掲載してしまった。

なんでこれを『選挙』と勘違いするんだよ。

誰がどこでスカウトしてきたのか失念したが、独眼竜のガンちゃんは狩りが得意な元野良猫様だった。
スズメやネズミを捕まえてきては、誇らしげに見せてくれる。そのたびにお袋などは「うわわ〜っ」と悲鳴をあげて逃げ回っていた。

ゴウちゃんは二〇一四年、見知らぬオジさんの軽トラに乗って、実家の前に運ばれてきた。オジさんが気づかぬ間に荷台へ乗り込んだようだ。ダニに喰われすぎて毛が抜けて、全身の肌がむき出しだった。見かねた母が引き取って、ウチの猫様になった。

毛が生えそろったゴウちゃんは美しい雌猫様で、我が家のアイドルとなった。

元野良猫様のマロは、根っからの博愛主義者だった。マロがクロやグラなどと共に実家の猫様になったとき、古株猫様のチビ（右奥）はストレスで心を患ってしまった。

しかしマロだけはどんなに「シャーッ」と拒絶されてもチビにつきまとって親愛の情を示した。そのうちにチビも根負けしてマロの添い寝を許すようになり、病も癒(い)えていった。

新参者の加入で心を病んだチビは、もしかしたら「我輩は猫ではない」と思っていたのかもしれない。

拙作『Peace』の主人公・柏木パパ（妻の父）の部屋には、かつて同居していたチョウちゃんの似顔絵が貼ってある。

チョウちゃんは、ドブで溺れているのを近所の人にレスキューされ、柏木家の庭に運ばれてきた。しかし庭の常連外猫様の群れになじめず、家の中で暮らすことになった。

『精神0』の上映とトークのため、岡山市のミニシアター、シネマ・クレールを妻と訪れた。
同館のクレオくんは、映画館の駐車場に迷い込んでいたところを、浜田支配人にスカウトされ看板猫様に就任した。撮影時就任八年目のベテランである。

エジプトのアレクサンドリアで出会った威風漂う野良猫様。

この街にはやたらと野良猫様が多い。「野良猫様の多い街は良い街だ」というのが、僕のかねてからの持論である。猫様は自由気ままで気楽そうにみえるが、人間がその気になれば一掃されてしまう、実は弱い存在だからだ。

彼らが生きていける街は、良い街だ。

　エジプトの首都・カイロには屋台が多い。
　野良猫様たちはランチのおこぼれを辛抱強く狙っている。関心がなさそうにそっぽを向いている猫様も、ちゃっかり耳だけはランチの動向を探っている。

エジプト・アレクサンドリアの道端でお店を広げていたお土産屋さん。
猫様もお土産物なのだろうか!?（二匹いるが、わかるかな？）

東京でもニューヨークでも、逃げないのは飼い猫様、逃げるのは野良猫様、と相場が決まっているものだ。
ところがエジプトの野良猫様は逃げない。誰にもいじめられないからなのだろう。
エジプト人を尊敬する。

エジプト・アレクサンドリアで出会った子猫様。この場所を通るたびにニャアと甘い声を上げて近寄ってきてくれる。思わず「どこかでお会いしましたっけ？」と尋ねてしまった。初めて会ったような気がしないんだもの。

東京に長期滞在中、散歩道で毎日のように会ったこの野良猫様の親子は、公園を住処（すみか）にしている。

エジプトの野良猫様と違って近寄ってきてはくれないが、お腹が空いたときに餌をねだられる程度には顔なじみになれた。

京都大学で五日間の集中講義を行った。

その間、ずいぶん京都の街を歩いたが、見かけた猫様はこの茶トラ様だけだった。

散歩に出た飼い猫様だろうか。

「猫神社」との異名を持つ牛窓の五香宮では、地域の猫様が大勢暮らしている。

大切に世話されているので、一時期、三、四〇匹くらいまで増えた。

その結果、糞尿被害を訴える住民も増えた。

そこで行われたのが、前にも触れた避妊去勢手術である。拙作『五香宮の猫』でも描いたが、瀬戸内市の助成制度を利用するなどして、お宮のすべての猫様が手術を受けた。

なので、もはや猫様は増えない。

というより、減る一方である。

近い将来、五香宮から猫様はいなくなってしまうのだろうか。

ヒマちゃん（僕らはブーちゃんと呼んでいる）は、現在五香宮に君臨するボス猫様である。去勢手術を受けたが、縄張りのパトロールとマーキングは、毎日勤勉に続けている。

お勤め、ご苦労様です。

福ちゃんは最近五香宮界隈に加わった雄猫様だ。

以前は岡山市で高齢のご夫婦に餌をもらっていたが、紆余曲折の末、縁あってここへ来た。

穏やかそうに見えるが、身体中に喧嘩の傷跡があり、百戦錬磨の猛者猫様である。

三年前、港に放置された漁師の古い網に、子猫様が絡めとられていた。
近所の人たちといっしょに、急いで網を切って助けた。
それが虎ちゃん（マイケル）だった。
虎ちゃんはその後立派に育ち、強い雄猫様に成長した。一時は五香宮界隈でボス猫様の座を争うほどであった。
しかしこの冬は寒すぎた。
急に弱って痩せていき、瞬く間に死んでいった。

野良猫様たちが厳しい冬を生き延びることができるかどうか。
その鍵を握るのは、寝場所の有無である。
廃墟となった空き家は、北風の吹く日も、冷たい雨が降る日も、彼らを守ってくれる。

高齢のため娘さんの家へ引っ越し、空き家になってしまったご婦人の家。

ご婦人が世話していた猫様が、壁の穴から出入りして、冷たい北風を凌（しの）いでいた。

入口にある餌は、近所の人が置いてくれたのだろう。

ひと冬を無事に越して迎えた春、彼女は四匹の子猫様を産んだ。

寒い季節、軽トラの荷台は、外猫様たちの人気のひなたぼっこスポットである。

しかし車の持ち主が気づかず、猫様を乗せたままどこかへ走り去ってしまうことがある。

外猫様の生活は危険がいっぱいだ。

「節分猫」という言葉があるが、節分前後は猫様の恋の季節。雄猫様が雌猫様を求めて移動する、ガラガラポンの時期である。

牛窓の猫様の大半は避妊去勢手術を受けているが、ときどきそうでないのを見かける。この時期は手術済みの猫様たちもソワソワして落ち着かず、喧嘩の声があちこちで聞こえる。

去勢手術済みの茶太郎だが、縄張り争いから降りたわけではない。
最近は流れ猫様のオカメが頻繁に自分の縄張りを侵犯するらしく、要所要所にスリスリして自分の匂いをつける。

オカメは、どうも牛窓に居着くつもりのようだ。目撃した人が「あれ、犬？」と勘違いしたほど大きくて屈強である。喧嘩が滅法強く、茶太郎など敵ではない。

散歩道で暮らしていた猫様親子が、姿を消した。
その後、子猫様だけひょっこり現れた。
親猫様とはぐれてしまったのか、痩せ細っている。
数日間、餌と水をあげたが、また姿を消した。
こういうときに、自分自身の姿勢について自問してしまう。
なぜ僕は、茶太郎やチビシマのように子猫様を保護しなかったのだろうか？　答えは単純で、「みんなを引き受けるのは無理だから」。では、二匹とそれ以外の猫様との間にある境界線はなんなのだろう？
多頭飼いが収拾つかなくなって崩壊したというニュースをしばしば目にする。彼らはどうしても線引きができなかった心優しい人たちなのだろう。
線引きと言えば、自分が猫様とそれ以外の生き物との間に引いている線についても、考えてしまう。
お腹を空かせた猫様が、釣り人から生きた魚をもらう。その猫様に「よかったね！」と声をかけるとき、魚の命については無視している自分に気づかされる。

二、三か月前に忽然と姿を消し、皆を心配させていた牛窓海水浴場のサビちゃんが、ひょっこり現れた。

いったいどこに姿をくらまし、誰から餌をもらっていたのか。

謎。

散歩道の家の窓からときどき顔を覗かせる、文字通りの「深窓（しんそう）の令嬢」。
この家で生まれてこのかた、一度も外に出たことがないそうだ。
窓一つ隔てた外猫様たちとは、ずいぶんと違う「猫生」である。

秋は夕暮れ。夕日の差して、茶太郎の毛も黄金色に輝く。

台風一過。変わり果てた縄張りをパトロール。

五香宮界隈に突然現れ、そのまま居着いた雄猫様。
手術していないようなので、気が荒い。腕っぷしも強く、界隈の勢力図を塗り替えるかも。
名前はまだ無い。

かつて海水浴場でよく見かけた茶トラの猫様に、半年ぶりくらいだろうか、ばったり再会した。
相変わらず毛並みがボソボソだが、どうにか達者に暮らしているようだ。

狛猫（こまねこ）様。

いつも一緒。

人間は、未来の計画を立てたり、過去を振り返ったりすることで、絶え間なく「進歩」してきた。その結果、巨大な文明を築き、地球の支配者のごとく偉そうに振る舞っている。
だけどその代償として、常に昔の失敗を悔やんだり、明日の食い扶持(ぶち)を心配したりして、気が休まるときがない。せっかく仲の良い友達や家族と食事を囲んでいても、スマホで仕事のメッセージをやりとりしたり、フェイスブックのタイムラインをチェックしたりしてしまう。一番肝心の「いま、ここ」がお留守で、そのとき、そのときの時間を生きることが難しい。
猫様は、未来の計画を立てたり、過去を振り返ったりしない。
「いま、ここ」を生きるだけ。
ご飯を食べるときも、お昼寝するときも、パトロールするときも、遊ぶときも、香箱座りしてたむろするときも、全力でそのことだけをやっている。狙った獲物を取り逃しても、後々まで悔やんだりしない。次は逃すまいと、道具を考案したりもしない。
そのとき、そのとき、がすべてである。
牛窓に住み始めてから、僕もできる限り、そういう生き方をしたいと思うようになった。猫様は僕にとって「いま、ここ」の先生である。

五香宮の黒猫様の耳の後ろが痛々しい。同じような猫様が何匹かいるので、感染症だろうか。

外猫様の暮らしは自由だが厳しい。

冬になると、厳しい寒さに負けぬためだろう、外で暮らす猫様たちは“同一猫様”とは思えぬほど太り、モコモコ。

茶太郎くん、さすがに太り過ぎじゃないかと心配したが、春には自然に痩せた。

大した調整力である。

仕事場で新作『五香宮の猫』を編集していると、猫穴を通って、被写体でもある茶太郎がやってきた。

だが、別に自分の映りを確認しにきたわけではないらしい。

『五香宮の猫』のカラーグレーディング（色調補正）に没頭。
気がつけば、妻とチビシマが爆睡していた。

猫様は家につく？　人につく？
意外に大事な〝チーム感〟

昔から、犬様は人につくが、猫様は家につくと言われている。

しかし、茶太郎やチビシマと付き合うようになって、思った以上に猫様が人につく生き物であることに驚かされている。彼らはどうも、僕と妻のことを家族だと思っているようなのだ。

たとえば、二匹を保護した際に、彼らは僕らの自宅の周りを縄張りにしていった。なぜそこを縄張りとして選んだのかといえば、僕らがそこにいたからであろう。

そのことは、僕らが自宅から数十メートル離れたところに別宅を構え、そちらへ生活の主な拠点を移したときに、より一層、はっきりした。彼らの縄張りも、いつの間にか別宅周辺へと移ったのである。「家」よりも「人」なのだ。

二〇二二年の暮れ、『精神0』のフランス劇場公開に合わせて、妻と一緒に二週間ほど渡仏したことがある。

仕事場に自動餌やり機を設置し、寝床に電気アンカを入れた。それに加えて、お隣さんに鍵をお渡しして毎日様子を見てもらうようお願いして、僕らは旅立った。飢えたり眠れなかったりすることがないように、用意周到に工夫した。

ところが旅から帰ったとき、特に茶太郎のヘソの曲がり方は激しかった。なにしろ、僕や妻が猫撫で声で声をかけても、他人のフリをして無視するのである。それは一週間くらい続いた。お隣さんいわく、僕らがいない間、あまり元気がなく鬱気味だったそうである。

かわいそうなことをした。

妻の説では、猫様は巷でのイメージとは裏腹に「群れ」で行動する生き物である。彼らには「家族は一緒にいるもの」との不文律があり、「チーム感」が大事なのだという。

たしかに、特に理由もないのに、二匹はわざわざ僕らがいるところにやってきて、毛繕いしたり、昼寝したり、あくびをしたりする。特にお客さんが来たりすると、勇んでその輪に参加しようとする。そして気が済んだら、またどこかへ去っていく。

僕や妻が散歩に出たりすると、二匹ははしゃいでついてくる。「餌がもらえるから」とか、何らかの目的や理由があるわけではない。一緒に歩きたいからついてくる、としか言いようがないのである。

可愛いヤツらめ。

『五香宮の猫』のワールドプレミア上映でベルリン国際映画祭へ行った際、ベルリン在住のジャーナリスト梶村太一郎さんご夫妻宅に招かれた。
迷い猫様だったアズキちゃんが梶村家に加わったのは一三年前。
太一郎さんいわく「七七歳の爺さんと一三歳の年寄り猫、合わせて九〇歳」。

五香宮付近に段ボール箱が捨てられていて、子猫様が三匹亡くなっていた。実は生き残っていた子猫様も一匹いたらしく、通りがかりの人が保護して警察に届けたそうだ。

先述したように、遺棄や虐待は犯罪である。警察は捜査を始めた。

運や出会いが生き物の生死を分ける。私たちはたまたま生かされているにすぎない。

小春日和の昼下がり。
さっきまで台所にいた妻と茶太郎の姿が見えぬと思って、探し回ったらこれだ。

散歩中、視線を感じた。
子猫様だった。

想田和弘（そうだかずひろ）

映画作家。台本やナレーションを用いない「観察映画」の手法とスタイルでドキュメンタリー映画を作り続ける。監督作品に『選挙』『精神』『Peace』『港町』などがあり、国際映画祭等で受賞多数。最新作は牛窓で撮影した『五香宮の猫』（2024年ベルリン国際映画祭招待作品）。著書に『カメラを持て、町へ出よう』（集英社インターナショナル）、『なぜ僕は瞑想するのか』（ホーム社）などがある。

写真　想田和弘／柏木規与子
装丁　川名潤
校正校閲　鷗来堂
初出　「週刊金曜日」2020年5月〜2024年9月（隔週掲載）

猫様

2024年10月20日 第1刷発行

著者 想田和弘

発行人 茂木行雄

発行所 株式会社 ホーム社
〒101-0051 東京都千代田区神田神保町3-29 共同ビル
電話 編集部 03-5211-2966

発売元 株式会社 集英社
〒101-8050 東京都千代田区一ツ橋2-5-10
電話 販売部 03-3230-6393（書店専用）
読者係 03-3230-6080

印刷所 大日本印刷株式会社

製本所 株式会社ブックアート

Neko sama

Printed in Japan
ISBN978-4-8342-5390-0 C0095

定価はカバーに表示してあります。